F. JOLLIVET CASTELOT

Docteur en Hermétisme et Docteur en Kabbale

PROFESSEUR TITULAIRE A L'ÉCOLE SUPÉRIEURE LIBRE
DES SCIENCES HERMÉTIQUES DE PARIS.
SECRÉTAIRE-GÉNÉRAL DE LA SOCIÉTÉ ALCHIMIQUE DE FRANCE.

La Matière est une.
Elle vit, elle évolue et se transforme.
Il n'y a pas de corps simples.

LE Grand-Œuvre Alchimique

BROCHURE DE PROPAGANDE de la Société Alchimique

Prix : 0 fr. 20

Édition de L'HYPERCHIMIE

(Rosa Alchemica)

3, rue de Savoie, 3
PARIS — VIe
1901

Le Grand-Œuvre Alchimique

Florissante en la vieille Egypte, en la sacerdotale et magique Chaldée, aux siècles très lointains, puis encore enseignée à l'Ecole d'Alexandrie — l'Alchimie fut proscrite avec les Arts Secrets ; elle devint Maudite comme eux et se renferma dès lors dans le Mystère des fraternités occultes et hermétiques. Les Gnostiques, les Templiers, les Alchimistes, les Rose + Croix, conservèrent, transmirent l'Alchimie au travers du Moyen-Age, de la Renaissance, enfin des époques modernes. Et aujourd'hui, parallèlement aux autres branches de l'Hermétisme, mieux encore peut-être, l'Alchimie renaît ; d'allure très scientifique, elle conquiert les meilleurs esprits. Les faits expérimentaux, d'ordre

industriel, la confirment. Tiffereau, Strindberg, Emmens, Brice, fabriquent de l'or.
La Néo-Alchimie se constitue auprès de
la traditionnelle Alchimie, prête à se con-
fondre enfin en elle. Esquissons donc
l'ensemble de la Spagyrique ; voyons ce
qu'est le Grand-Œuvre, la Pierre Philosophale, posons-en les conclusions pra-
tiques.

**

Qu'est-ce que l'Alchimie tout d'abord ?
L'Alchimie — nous dira Paracelse — est
une science qui apprend à changer les
métaux d'une espèce en une autre
espèce. — Et Roger Bacon : L'Alchimie
est la science qui enseigne à préparer
une certaine Médecine ou Elixir, lequel
étant projeté sur les métaux imparfaits,
leur communique la perfection dans le
moment même de la Projection.

Ces deux définitions sont excellentes,
et nous verrons que les travaux modernes
confirment le fond même de ces préceptes
magistraux.

Au sens le plus bref et le plus positif, l'Alchimie est bien l'Art de quintessencier les corps, de les transmuter, de les fabriquer par Synthèse.

L'Hyperchimie doit remplacer la chimie.

Mais ces définitions précisent surtout, et uniquement même, la partie la plus grossière de l'Alchimie. Or, l'Alchimie est plus et mieux que l'Art ou la Science de fabriquer les métaux précieux. Elle se rattache intimement à l'Hermétisme, aux Sciences occultes dont elle constitue une branche importante. Elle emprunte ses Arcanes à la Kabbale, à la Magie, à l'Astrologie, elle enfante la médecine Spagyrique, car l'Occultisme s'inspire de l'Unité parfaite. Science Intégrale, il aboutit à la seule Unité au moyen de la féconde loi de l'Analogie, entre autres.

L'Alchimie, en résumé, prise dans son ensemble si vaste, est une des branches de l'Hermétisme, qui s'attache particulièrement, sur le Plan Physique de la Nature, à l'étude de la Matière, de sa constitution, de sa genèse, de son évolution, et de ses transmutations.

Antique Science cultivée par les Mages, elle dévoila le Problème de l'Energie et de l'Atome, montrant l'identité de la Substance polarisée en Force et Matière qui se résolvent l'une en l'autre par le double courant d'Evolution et d'Involution, Aspir et Expir de l'Univers-Vie (1). A travers les Ages, l'Alchimie demeura plus ou moins obscurée, selon les temps, mais toujours intégrale, poursuivant le même but *scientifique* : l'Unité absolue de la Matière vivante, démontrée à l'aide de la Synthèse des Corps et des Métaux, lesquels dérivent tous d'un même Atome, sont constitués par les combinaisons diverses des atomes entre eux, ce qui permet d'opérer l'interchangeabilité des molécules, la transmutation des édifices atomiques.

L'Alchimie donnait donc — et donne — le moyen de fabriquer les corps les plus

(1) La Force devient Matière (Involution) et la Matière devient Force (Evolution), grâce au Mouvement. Ce cycle vient de l'Unité et s'y résorbe — car il s'y meut.

précieux, et parmi ceux-ci surtout l'Or, dont les hommes n'aperçoivent que l'utilité, mais dont l'Adepte connaît l'Essence, l'influence bénéfique sur l'organisme au point de vue thérapeutique, sur la Science au point de vue synthétique ; L'Or, élément très évolué, le plus haut sur l'échelle métallique, est *le chef de file* des métaux. Sa fabrication mène en conséquence à la synthèse des métaux qui le précédent.

Actuellement, l'Alchimie, comme nous le verrons plus loin, aboutit aux mêmes effets, mais l'Hermétisme ne prodiguant pas ses enseignements, et les Initiés étant rares, à côté de l'Alchimie traditionnelle, il s'est formé une Alchimie toute « expérimentale » tâtonnant, cherchant l'obtention de l'Or, de l'Argent par des procédés de laboratoire exotériques. C'est la Néo-Alchimie, dont on verra le définitif triomphe lorsqu'elle aura fusionné avec l'Alchimie traditionnelle, seule dépositaire des formules, des recettes parfaites conduisant au Grand-Œuvre par la Pierre Philosophale.

C'est à cette tâche que se consacrent *la Société Alchimique de France* et la revue : *l'Hyperchimie - Rosa Alchemica*, organe d'union entre le Passé et l'Avenir.

**

ALCHIMIE TRADITIONNELLE. — Elle reste le privilège des Adeptes. Il faut avoir découvert l'Absolu, selon la parole des maîtres, pour en posséder la Clef. Savoir — Vouloir — Oser — Se Taire, résument toute Initiation, l'Initiation Magique comme l'Initiation Alchimique.

L'on ne s'étonnera donc point que nous ne donnions ici que les principes généraux servant à comprendre les auteurs anciens, très obscurs en leur symbolisme assez compliqué. Les termes employés sont souvent synonymes et symboliques.

Les Alchimistes basaient leurs connaissances sur le Quaternaire des Éléments et le Ternaire des spécifications actives des corps. Les opérations du Grand-Œuvre en résultaient.

Le Quaternaire comprenait : le Feu —

l'Air — l'Eau — la Terre ; le Ternaire : le Soufre, le Mercure, le Sel. — Mais les Alchimistes n'entendaient nullement par là désigner les éléments ni les corps vulgaires. Par ces termes, ils ne représentaient, en aucun cas, des corps particuliers.

Ils considéraient les 4 Eléments comme des *états* différents, des *modalités* diverses de la Matière. Et c'est pourquoi ils disaient les 4 éléments constitutifs de toute chose. En effet, les Eléments, issus de la Substance Une, de la Matière Une, dont ils ne symbolisent que des modifications, des formes particulières dues à l'orientation des vortex et des atomes éthériques — les Eléments possèdent les qualités principales dont ils sont synonymes. Ainsi l'*Eau* est synonyme de liquide, la *Terre* correspond à l'état solide, l'*Air* à l'élément gazeux, le *Feu* à un état plus subtil encore, tel que celui de la Matière radiante par exemple.

Puisque ces Eléments représentent les états sous lesquels s'offre à nous la Matière, il était donc logique d'affirmer

— et ce l'est encore— que les Eléments constituent l'Univers entier.

Pour les Alchimistes, les mots Sec, Humide, Froid, Chaud, signifiaient : matière solide, matière liquide, matière gazeuse et matière volatile. Aux 4 Eléments, on ajoutait souvent un cinquième état, sous le nom de Quintessence. La Quintessence peut se comparer à l'*Ether* des physiciens modernes. Les qualités occultes, essentielles lui appartiennent, de même que la chaleur naturelle appartient au Feu, la subtilité à l'Air, etc...

Les Eléments, enseignaient les Alchimistes, se transforment les uns en les autres, agissent les uns sur les autres, le Feu agit sur l'Eau au moyen de l'Air, sur la Terre au moyen de l'Eau ; l'Air est la nourriture du Feu, l'Eau l'aliment de la Terre ; de concert ils servent à la formation des mixtes, à la production totale de l'Univers. — Nous vérifions chaque jour ces préceptes : l'Eau se change en vapeur, en Air quand on la chauffe ; les solides se liquéfient sous l'action des liquides dissolvants, et du Feu, etc...

Les Principes seconds : *Soufre — Mercure — Sel*, forment la Grande Trinité Alchimique. La Matière se différenciait, pour les Alchimistes, en 2 principes : Soufre et Mercure, dont l'union en diverses proportions, constituait les corps multiples, les innombrables composés chimiques.

Le troisième principe : Sel ou Arsenic, servait de lien entre les deux précédents, de jonction et d'équilibre, de point neutre (composé des deux).

Le Soufre, le Mercure et le Sel, considérés en eux-mêmes, ne sont que des abstractions servant à désigner un ensemble de propriétés. Mais, dérivant de la Matière première, le Soufre, le Mercure, le Sel, envisagés au point de vue pratique, sont en quelque sorte l'incarnation des Eléments ; leur combinaison dans un corps est variable, et l'un des principes prédomine sur l'autre. Ils constituent, à l'état de quasi-séparation, la quintessence respective des corps.

Le *Soufre* ☿ symbolise l'ardeur centrale, le principe interne, actif, l'âme lumineuse des choses. Igné, il renferme le Feu qui tend à sortir. Dans un métal, le Soufre représente les propriétés visibles : la couleur, la combustibilité, la dureté, la propriété d'attaquer les autres métaux.

Le *Mercure* ☿ symbolise, abstraitement si l'on veut, la force vibratoire universelle, le fluide sonique, le principe passif, extrème des choses. Aqueux, il renferme l'Eau et l'Air, qui tendent sans cesse à entrer. — Dans un métal, le Mercure représente les propriétés occultes ou latentes : l'éclat, la volatilité, la fusibilité, la malléabilité. Ce mouvement divergent et convergent + et — de Soufre et Mercure, trouve son équilibre dans le principe stable ou sel : Le Sel ⊖ est donc la condensation du Soufre et du Mercure, l'aspect sensible, fixe, du corps, le réceptacle des énergies, ou substance propre. Pondérable, il correspond à la Terre.

Mais chimiquement parlant, est-il possible de rattacher ces termes aux théories actuelles ? Je le crois, car d'après ce que nous avons vu plus haut, le Soufre et le Mercure répondraient fort bien en somme — ainsi que l'a énoncé la brochure excellente : *L'Idée Alchimique* — aux *radicaux* dont nous parle la Chimie. Les radicaux, en effet, ne sont autres que des atomes ou des groupes d'atomes susceptibles de se transporter d'un composé dans un autre, par voie de double décomposition.

Les radicaux simples ou composés sont isolables ; et en vérité pourtant, personne ne les a jamais *vus, palpés,* au sens propre du mot, parce que ce sont là des réactions chimiques que l'on connaît par les résultats, les combinaisons, produits.

Eh bien ! il en est tout à fait de même pour le Soufre et le Mercure. Ils personnifient parfaitement les radicaux simples ou composés. Et cette analogie nous aide à comprendre la genèse, la constitution des corps et des métaux, formés par l'union, à divers degrés, du

Soufre et du Mercure, comme l'enseignaient les Alchimistes.

Les radicaux Soufre, Mercure, en se transportant d'un composé à un autre, apportent l'ensemble nouveau de leurs propriétés, et donnent naissance au corps correspondant à leur radical actif et dominant.

Ces deux Principes : Soufre et Mercure, séparés dans le sein de la Terre, sont attirés sans cesse l'un vers l'autre, et se combinent en diverses proportions pour former métaux et minéraux, sous l'action du feu terrestre. Mais suivant la pureté de la cuisson, son degré, sa durée, et les divers accidents qui en résultent, il se forme des métaux ou des minéraux plus ou moins parfaits.

« La différence seule de cuisson et de digestion du Soufre et du Mercure, produit la variété dans l'espèce métallique », nous apprend Albert-le-Grand, et voilà condensée, la théorie excellente des Alchimistes, sur la genèse des métaux. (1)

(1) « Il y en a qui disent que le tancha (mercure

Pour résumer la question, nous pouvons définir le Soufre et le Mercure des Alchimistes, les principes essentiels de la Matière première universelle, principes qui forment la base, les radicaux de tous les métaux et minéraux.

***

LA PIERRE PHILOSOPHALE — LE GRAND-ŒUVRE. — L'Art Spagyrique repose essentiellement sur la *fermentation*. Ceci signifie, en toute clarté, qu'il faut communiquer la *vie* aux métaux dans le laboratoire, vie latente en eux, qu'on doit les réveiller, provoquer leur activité par une sorte de résurrection, comme nous voyons

sulfuré), par l'absorption des vapeurs du yang vert (principe mâle, lumière, chaleur, activité), donne naissance à un minerai, le Kong-che, qui, au bout de 200 ans, devient du cinabre natif. *Dès lors la femme est enceinte.*

Au bout de 300 ans, ce cinabre se transforme en plomb; ce plomb, au bout de 200 ans, se transforme en argent, et ensuite, au bout de 200 ans, après avoir subi l'action du K'i (l'esprit vital, astral) du taho (Grande Concorde ?) — devient de l'Or. » (Encyclopédie chinoise). Mais, ajoute le commentateur japonais, c'est une opinion erronée.

Le sulfure de plomb donne naissance à l'argent.

Le soufre est l'origine des métaux. — (Encyclopédie chinoise.)

Les initiés méditeront ces notes. Nous les engageons à les rapprocher de nos commentaires personnels.

F. J. C.

que l'opère sans cesse la Nature en son éternel Hylozoïsme.

L'effort capital de l'Alchimie consiste à réduire les matières prochaines en leurs ferments, qui, réunis, constitueront la substance transmutatrice. Tout le Grand-Œuvre réside en la juste préparation des ferments métalliques.

Chaque métal possède en lui son propre ferment qu'il faut extraire : l'Or sera le ferment de l'Or, l'Argent le ferment de l'Argent, et ainsi de suite.

La confection de la Pierre s'effectue de cette manière :

De l'Or Solaire (ou Soufre secret) — on tire le *Soufre.*

De l'Argent Lunaire (ou Mercure secret) —on tire le *Mercure.*

Et selon certains Alchimistes, du mercure vulgaire, ou vif-argent, on extrait un *sel* particulier. — Ce sont là des ferments complémentaires, doués d'une activité considérable.

L'Or et l'Argent —seuls corps utilisables pour la Pierre, préparés en vue de l'Œuvre, portent le nom d'Or et d'Argent des Philosophes dans les vieux traités. Le Soleil et la Lune les symbolisent.

On les purifiait d'abord, l'Or par la cémentation ou l'antimoine, l'Argent par la coupellation, c'est-à-dire le plomb.

Le Soufre tiré de l'Or et le Mercure de l'Argent, constituent la matière prochaine de la Pierre, ce sont là les ferments, les radicaux de l'Or et de l'Argent, conjoints en *Sel*.

Mais comment extraire le Soufre et le Mercure de l'Or et de l'Argent des Philosophes ?

Nous touchons ici au Grand Arcane de l'Alchimie et de l'Hermétisme.

On ne trouvera jamais aucune explication formelle de ce problème, dans un aucun ouvrage, car ce secret ne saurait être communiqué aux profanes.

Les Alchimistes enveloppent d'un symbolisme obscur, pour les non-initiés, ce chapitre mystérieux de la Science (1).

(1) Disons une fois pour toutes que : Soleil et Lune ; Or et Argent des Philosophes ; Mâle et Femelle ; Roi et Reine ; Soufre et Mercure sont synonymes.

C'est au moyen du Dissolvant, du Menstrue, de l'*Azoth* extrait de la Magnésie que l'on tire le Soufre et le Mercure de l'Or et de l'Argent.

Qu'est-ce donc que l'Azoth ? quelle est cette Magnésie étrange, d'où provient l'Azoth ? Laissons seulement pressentir qu'il s'agit de la *Lumière Astrale* que l'Adepte doit savoir manier et attirer. On l'excite par un feu céleste, volatil, modification du fluide astral, et qui s'attire lui-même par la distillation hermétique d'une Terre nommée Magnésie, considérée comme mère de la Pierre.

De cette Magnésie, minière universelle, on tire le Soufre et le Mercure suprêmes, initiaux, lesquels corporéifiés, conjoints en un Sel, constituent l'Azoth ou Mercure des Philosophes.

C'est ce dissolvant énergique, vivant pour ainsi dire, doué d'une puissance électro-magnétique selon Stanislas de Guaïta, que l'on fait agir sur l'Or et l'Argent, afin d'en isoler les deux ferments métalliques dont nous avons parlé.

Pour manier les forces de la Nature, l'Ascèse personnelle s'impose. Il me semble donc inutile d'insister sur la nécessité d'une initiation hermétique sans laquelle nul ne saurait pratiquer l'Alchimie Magique Traditionnelle (1).

*
* *

Poursuivons l'examen des opérations alchimiques de la Pierre : on congèle les solutions obtenues en les faisant cristalliser. On décompose par la chaleur les sels obtenus. Enfin après divers traitements — indiqués par A. Poisson dans son superbe ouvrage : *Théories et Symboles des Alchimistes* — on a le Soufre et le Mercure destinés à la Pierre. Ils forment la matière prochaine de l'Œuvre. On combine ces ferments issus de l'Or, de l'Argent et du Mercure vulgaire. On les enferme en un ballon clos bien luté. On place le

____

(1) La raison du secret, au *point de vue social*, est due au mauvais usage que la plupart des hommes feraient de l'Or. Ils ne l'emploieraient guère pour le Bien général. Puis une catastrophe universelle, par suite d'une crise monétaire effroyable, secouerait le monde. Rien n'irait mieux ; tout irait sans doute plus mal, et le Paupérisme persisterait comme auparavant.

matras sur une écuelle pleine de sable ou de cendres, et l'on chauffe au feu de roue, car la cuisson ménagée va donner à la masse la propriété de transmuter les métaux. — Les Alchimistes appelaient Athanor le fourneau spécial dans lequel ils mettaient l'écuelle et l'œuf.

Le feu se continue sans interruption jusqu'à la fin de l'Œuvre.

Dès le début, les corps entrent en réaction ; diverses actions chimiques se produisent : précipitation, sublimation, cristallisation, changements de couleurs. — La matière devient noire (symbolisée par la tête de corbeau) puis blanche (symbolisée par le cygne). A ce degré, elle correspond au Petit-Œuvre ou transmutation du Plomb, du mercure, du cuivre, en argent. Puis les teintes intermédiaires, variées, se montrent : vert, bleu, livide, iris, jaune, orange. Enfin le rouge rubis ou parfait qui indique l'heureuse terminaison.

En résumé voici la marche générale :

1° (La matière étant préparée, c'est-à-dire les ferments étant extraits de l'Or et de l'Argent) : Conjonction ou coït : union du Soufre et du Mercure dans l'œuf. On chauffe. Apparition de la couleur noire. —On est arrivé alors au 2ᵉ stade.

2ᵘ : La Putréfaction.

3º : Vient l'Ablution : la blancheur apparaît. La Pierre se lave de ses impuretés.

4º : La Rubification ; couleur rouge. L'Œuvre est parfait.

5º : Fermentation. — Son but est d'accroître la puissance de la Pierre, de la parfaire. On brise l'œuf, on recueille la matière rouge, la mêle à de l'Or fondu et à un peu d'Azoth ou Mercure des Philosophes, et l'on chauffe à nouveau. Puis on recommence une ou deux fois encore cette opération. La Pierre augmente de force. Elle transmue 1000 fois son poids de métal au lieu de 5 ou 10 fois. C'est ce que l'on nomme la Multiplication de la Pierre. — Les métaux vils sont changés en Or et Argent. C'est la 6ᵉ opération ou *Projection* : on prend un métal : mercure, plomb, étain, on le fond, puis dans le creuset où se trouve le métal chauffé, on projette un peu de Pierre Philosophale enveloppée de cire. Après refroidissement, l'on a un lingot d'or, égal en poids au métal employé, ou moindre suivant la qualité de la Pierre.

L'Elixir rouge ou Grand Magistère se présente sous la forme d'une *Poudre* rouge éclatant et assez lourde.

Nous ne saurions mieux définir cette poudre qu'en l'assimilant à un énergique ferment qui provoque la transformation moléculaire des métaux, absolument comme un ferment change le sucre, en acide lactique par exemple. Dès lors pourquoi s'étonner de voir accorder à la Pierre Philosophale la propriété d'agir à doses infiniment faibles, et les Alchimistes assurer qu'un grain de Pierre peut convertir en or une livre de mercure; le ferment agit aussi sur les matières organiques à doses infinitésimales; la diastase transforme en sucre 2.000 fois son poids d'amidon. Rien de mystérieux donc dans le rôle chimique et vital de la Pierre Philosophale !

**

PROPRIÉTÉS DE LA PIERRE PHILOSO-PHALE. — Tous les hermétistes sont unanimes quant à ce point ; cet Elixir parfait est une poudre rouge, lourde, transformant les impuretés de la Nature.

« Il fait évoluer rapidement, ce que les forces naturelles · mettent de longues années à produire ; voilà pourquoi il agit, selon les adeptes, sur les règnes végétal et animal, aussi bien que sur le règne minéral, et peut s'appeler médecine des trois règnes », nous dit le grand et illustre Maître Papus dans son *Traité Méthodique de Science Occulte*.

La Pierre Philosophale jouit de trois propriétés générales :

1o Elle réalise la transmutation des métaux vils en métaux nobles, du plomb en argent, du mercure en or, et transforme les unes en les autres les substances métalliques. Elle permet aussi de produire la formation des pierres précieuses, de leur communiquer un éclat splendide.

2° Elle guérit rapidement, prise à l'intérieur, sous forme de liquide, toutes les maladies, et prolonge l'existence. C'est l'Or Potable, l'Elixir de Longue-Vie, la Panacée Universelle.

Elle agit sur les Plantes, les fait croître, mûrir et fructifier en quelques heures.

3° Elle constitue le *Spiritus mundi* et permet à l'Adepte de communiquer avec les êtres extra-terrestres, de composer les fameux *homuncules* de la Palingénésie.

Les Rose + Croix possèdent ce triple privilège de la Pierre Philosophale, et comme tels sont illuminés, thaumaturges et alchimistes.

« Ces propriétés de la Pierre, concluerons-nous avec le Dr Papus, n'en constituent qu'une seule : renforcement de l'activité vitale. La Pierre Philosophale est donc tout simplement une condensation énergique de la Vie dans une petite quantité de matière, et elle agit comme un ferment sur le corps en présence duquel on la met. Il suffit d'un peu de Pierre Philosophale pour développer la vie contenue dans une matière quelconque. » (1)

***

LA NÉO-ALCHIMIE. — La Néo-Alchimie se propose de rattacher la Chimie à l'Alchimie, en montrant l'identité du but poursuivi, en ce sens que la Synthèse Universelle et l'Unité de la Matière Première ressortent de l'une comme de l'autre. La Chimie n'est que la partie grossière et inférieure de l'Alchimie. Elle ne *vivra* qu'en se reliant à elle, à l'Alchimie qui la mènera vers les Principes.

(1) Les transmutations *historiques* de Nicolas Flamel, Jean Dee, Kelley, Van-Helmont, Helvétius, Sendivogius, Lascaris, St.-Germain, opérées du XIVᵉ au XVIIIᵉ siècle, autoriseraient seules à ne point mettre en doute la réalité de la Pierre Philosophale à défaut d'autres considérations. Si les *documents* sur la Synthèse alchimique sont rares aujourd'hui, cela provient de la destruction des fameuses bibliothèques de Thèbes, de Memphis et d'Alexandrie qui renfermaient des quantités d'ouvrages précieux touchant les Sciences Sacrées. La Tradition des Races Rouge, Noire et Jaune, leur Savoir, consignés en livres uniques, disparurent ainsi dans les flammes allumées par les mains sacrilèges de l'Homme. On sait que la bibliothèque d'Alexandrie fut brûlée par les chrétiens sous les ordres de l'évêque Théophile.

Les Sciences Occultes morcelées, transmises par des groupes d'initiés, n'ont point encore reconstitué leur Unité Intégrale.

L'Alchimie et la Chimie ne sont sœurs ennemies que pour les savants officiels. En réalité, elles doivent fusionner, car la Chimie est la fille de l'Alchimie et elle lui emprunte ses meilleures théories !

La Synthèse, la Synthèse raisonnée des corps, des métaux, voilà surtout le lien qui sert de trait d'union entre la Chimie et l'Alchimie ; la Synthèse, voilà le Fait sur lequel repose la Néo-Alchimie, science expérimentale, corroborant de plus en plus chaque jour la doctrine hermétique, aux yeux des modernes avides de réalisations industrielles utilisables.

La Néo-Alchimie ou Mathèse chimique (union des extrèmes : Analyse et Synthèse en une vivante Réalité, que je tends à constituer pour ma part, depuis plusieurs années déjà) s'appuie sur les principes mêmes de la Chimie qu'elle confronte sans cesse avec les doctrines des alchimistes afin de prouver l'identité des deux enseignements au point de vue expérimental et positif. De cette manière, on pourra élucider, grâce à une méthode impartiale et rigoureuse, les problèmes de la Composition de la Matière, de son Unité, des Atomes et des Molécules, de la Genèse et de l'évolution des Corps.

La Néo-Alchimie doit démontrer l'exactitude des opérations du Grand-Œuvre, dans la mesure du possible, la profondeur des Doctrines Alchimiques quant à l'étude de la Matière, de son animation et de ses transformations. Et pour cela, elle inspire les travaux chimiques, les théories modernes, les ramène à leur expression dernière qui est bien du domaine de l'Alchimie Traditionnelle. — La Chimie actuelle, en son ensemble, n'est qu'un balbutiement ; les chimistes ordinaires sont de simples garçons de laboratoire. Jamais ceux-là ne parviendront à découvrir la genèse intégrale des Corps, le maniement de l'Agent Universel, avec l'aide de qui se réalise la Pierre Philosophale.

Et dès lors, tout ce que l'Alchimiste peut tenter, c'est ceci : expliquer aux savants le sens véritable des théories chimiques, des expériences, des synthèses, les guider dans leurs recherches, leur assurer et leur montrer, grâce aux procédés de la Chimie vulgaire, que l'on peut parvenir à la démonstration des doctrines alchimiques, savoir : l'*Unité de la Matière*, la *Fabrication industrielle des Corps Chimiques*, la *Synthèse des Métaux*.

Mais la confection de l'*Or Philosophal*, cet Or supérieur à l'or chimico-physique connu, restera toujours une énigme, privilège des seuls Adeptes, fidèles à leur serment de silence !

***

L'Unité de la Matière est indéniablement prouvée par les phénomènes de l'Isomérie et de l'Allotropie des corps prétendus simples et composés. Il serait hors de propos d'entrer ici en de nombreux détails trop techniques. Contentons-nous donc seulement de faire remarquer que l'Allotropie des corps soi-disant simples démontre que, en réalité, ils sont *composés*, composés tous d'une même matière, des mêmes atomes diversement groupés, résultant d'une inégale condensation de particules éthériques. Les éléments chimiques sont polymères les uns des autres, à partir du plus léger sans doute : Hydrogène ou Hélium. De là les composés différents, et de là aussi les faits d'isomérie, d'allotropie, consistant en propriétés chimiques diverses pour deux ou plusieurs éléments identiques par leur composition intrinsèque. L'Ozone, l'Hydrogène, le Chlore, le Soufre, l'Azote, le Phosphore, etc. et parmi les métaux : le Zinc, le Fer, le Nickel, le Cobalt, l'Etain, le Plomb, l'Argent et l'Or, présentent des états moléculaires multiples, différents, allotropiques en un mot. La classique Chimie constate ces exemples mais s'obstine à n'en point poser la conclusion d'unité et de synthèse. La Synthèse des Métaux, qui corrobore ces cas précédents, la Synthèse de l'Or, existe pourtant. L'Alchimie pratique apparaît aujourd'hui, l'Alchimie aux industrielles tendances.

On fait de l'Or : M. T. Tiffereau, qui lutte pour sa découverte depuis près de cinquante ans, et qui a consigné ses travaux en un petit volume très curieux : *L'Or et la Transmutation des Métaux*. M. Tiffereau a obtenu des lingots d'or en dissolvant de l'argent uni à du cuivre, au sein d'un mélange d'acide nitrique ou d'acides nitrique et sulfurique concentrés, sous l'action de la lumière solaire. D'accord avec les vieux alchimistes, Tiffereau attribue à des ferments spéciaux les changements moléculaires des corps, les transmutations respectives. Réduire un métal en ses éléments, le réunir ensuite au ferment du corps que l'on veut produire, telle est l'idée très rationnelle qui préside aux expériences de M. Tiffereau. — Or les composés oxygénés de l'Azote devant, sans aucun doute, jouer un rôle important de fermentation sur les éléments métalliques : Carbone et Hydrogène entre autres. l'acide nitrique constitue l'agent tout indiqué de dissolution, sous l'influence de la chaleur, de l'électricité et de divers adjuvants comme l'acide sulfurique, l'iode, etc...

Le Suédois Auguste Strindberg, à la fois

homme de lettres célèbre, et chercheur original, obtint des pellicules d'or en opérant au moyen de sulfate de fer, de chromate de potasse et de chlorhydrate d'ammoniaque. Il donnait ainsi naissance à de l'Or non fixé, non absolument mûri. — Et plus récemment l'on se souvient, à la suite des essais de Carey-Lea sur la dissociation de l'argent sous forme d'argent doré, de la découverte faite par Emmens (1). Il tient son procédé secret, mais il a révélé les principales lignes de sa méthode, dont voici la substance : « Si vous voulez essayer, dit-il, l'effet combiné de la compression et d'une température très basse, vous produirez aisément un peu d'or. Prenez un dollar mexicain (entièrement exempt d'or, sauf des traces peut-être) et mettez-le dans un appareil qui empêche ses particules de se répandre au dehors, lorsqu'il aura été divisé. Alors, soumettez-le à un battage puissant, rapide,

(1) Le Dr Emmens, le célèbre astronome Camille Flammarion sont, entre autres savants, membres honoraires de la *Société Alchimique de France*.

continu et dans des conditions frigorifi-
ques telles que des chocs répétés ne
puissent produire même une élévation
momentanée de température. Faites
l'essai d'heure en heure, et à la fin vous
trouverez plus que des traces d'or. »

Le Dr Emmens emploie dans sa fabri-
que d'or : Argentaurum Laboratory, une
machine à grand rendement capable de
produire des pressions de 800 tonnes par
pouce carré. — La série des opérations
qu'il fait subir aux dollars mexicains d'argent pour les changer en lingots d'argentaurum, est la suivante :

1° Traitement mécanique. — 2° Action
d'un fondant et granulation. — 3° Traitement mécanique. — 4° Traitement par les
composés oxygénés de l'azote, c'est-à-dire
par l'acide nitrique modifié. (Ce moyen a
été préconisé par Tiffereau, il y a 50 ans
déjà, comme se plut à le reconnaître
Emmens lui-même). — 5° Affinage.

L'Argentaurum (Or quelque peu spécial
que nous placerions *entre* l'Argent et l'Or
sur le tableau sériel de Mendeleeff, tandis

que l'Or de la Pierre Philosophale, prendrait place au-dessus de l'Or vulgaire) possède les apparences et les propriétés générales de l'Or. Le Bureau d'essai de la Monnaie de New-York l'achète comme or, en lingots, et le Dr Emmens ne doit pas faire de mauvaises synthèses, puisqu'il compte arriver à produire 1.550 kil^s d'argentaurum par mois, ce qui représente un bénéfice de plus de 46 millions par an !

Son compatriote Edward Brice assure fabriquer d'assez grandes quantités de métal précieux et cela semble réel car d'officiels chimistes analysèrent le produit de ses fours spéciaux (temp. de 5000 degrés ?) et en reconnurent la parfaite authenticité, au moyen de la formule de laboratoire que nous allons transcrire. Mais remarquons bien ce titre : formule de laboratoire...... Il y en a donc une autre..... industrielle :

« Prenez 5 parties d'antimoine chimiquement pur ; 10 parties de soufre ; 1 partie de fer ; 4 parties de soude caustique. Mettez dans un creuset de graphite et maintenez au blanc pendant 48 heures. Prenez la masse qui résulte de la fusion : des scories et un bouton métallique, et pulvérisez le tout. Mêlez cette poudre ainsi que le métal qui y est incorporé, avec les scories pulvérisées. Combinez avec : 1 partie de charbon de bois ; 5 parties de litharge ou oxyde de plomb. Ajoutez 4 parties de soude caustique. Mettez le tout au creuset jusqu'à ce que vous ayez obtenu un bouton métallique : Scorifiez et coupellez la masse métallique. La parcelle qui constituera le résultat final sera de l'Or et de l'Argent. » — On voit que ce procédé consiste en la formation, d'abord d'un sulfite d'antimoine, puis d'un sulfite de fer, enfin d'un sulfite de plomb. La création de l'Or résulte du mélange.

*
* *

Les faits prouvent donc bien, n'est-ce pas, que l'Or, l'Argent, les Métaux sont des produits de synthèse ?

La Néo-Alchimie, par ses conclusions nettement expérimentales, démontre les doctrines de l'Hermétisme. Elle révèle l'ordre croissant des Eléments, la Loi de l'Evolution minérale, le mécanisme de l'Isomérie et de l'Allotropie, le secret de la genèse et de la composition des Métaux, des prétendus corps simples. Elle aboutit à la création d'une Science rationnelle et Unitaire.

Quant à l'Alchimie Magique (1), elle s'envole jusqu'aux sphères de l'Infini, elle boit le Mystère même, le secret de la Vie et de la Quintessence.

Nous comparerions volontiers la Néo-Alchimie à une pyramide dont la base repose sur la Terre et qui va toucher aux Cieux — et l'Alchimie à un faisceau lumineux qui descend du Ciel pour s'épanouir sur la Terre. Réunissons ces deux Savoirs, ô Adeptes, et nous posséderons l'Intégrale Science : LA SYNTHÈSE DE L'ABSOLU !

NOTE : Ces quelques lignes pour ceux qui, déjà initiés à l'Alchimie, sont à même de com-

(1) La Magie est la science *naturelle* (il n'existe rien de surnaturel ou hors de la Nature) des Essences et des Puissances.

prendre entre les mots, et de s'élever jusqu'à l'Adeptat, par la préparation de la Pierre :

L'Œuvre, en résumé, est *simple*. Il se réalise en fait d'ordre positif, au moyen de la *revivification* des matières.

Il faut, en l'Azoth, énergie subtile, résoudre, dissoudre, régénérer, deux corps conjoints en un seul. (♀ et ☿ formant le ⊖) Ces corps, comme l'Azoth qui en dérive et d'où ils proviennent (le cycle du serpent se mordant la queue) sont répandus dans la Nature (1).

Une fois conjoints et placés dans le matras, il reste à diriger le Feu terrestre; le Feu volatil agira par lui-même, au sein de l'Œuf Philosophique. Tout ceci est rigoureusement exact. Je possède la Clef de la Pierre, communiquée par un Adepte.

Avec mon ami Jules Delassus, nous avons réalisé l'Œuvre, et bientôt nous convaincrons les savants officiels.

Concentration vitale, ferment métallique, la Poudre de Transmutation constitue, en *quelque sorte*, une allotropie, une isomérie. Elle agit et transmute en Or les métaux imparfaits, par une énergique fermentation.

J'affirme que tout le secret de la Pierre tient en ces lignes et qué nul alchimiste n'a jamais *révélé* l'Œuvre en moins de phrases et d'une façon aussi complète.

(1) Ce sont le S. et le M. des Ph. l'Or et l'Argent des Sages extraits de la Magnésie.

LA VIE DE LA MATIÈRE

Le « Bulletin de la Société Astronomique de France » de novembre publie un travail de M. Ch. Ed. Guillaume, Physicien du Bureau International des Poids et Mesures, sur « la Vie de la Matière. » Ce rapport fut lu à la séance du 7 mars 1900, de la Société Astronomique.

Le savant physicien base son étude sur cette formule qu'il nous a empruntée textuellement, ce dont nous sommes très fier : « La Matière est une, elle vit, elle évolue ». (Placée en vedette à la première page de la revue *L'Hyperchimie* et de mes ouvrages : *La Vie et l'Ame de la Matière* (paru en 1894), *L'Hylozoïsme* (1895), *L'Alchimie* (1895), en lesquels d'ailleurs elle est amplement développée.

Il reconnaît que, partant de là, si la science officielle « considère encore la » transmutation comme une opération » au-dessus de nos moyens, on n'est pas

» éloigné d'admettre que le passage d'un
» élément à un autre soit une opération
» possible dans le sens absolu du mot.
» Comment expliquer la parenté évidente
» des corps chimiques, de ceux que nous
» nommons les corps simples, si l'on
» n'admet pas une souche commune?
» Tout nous dit que les éléments forment
» des familles, et il faudrait nier l'évi-
» dence pour affirmer qu'ils sont entiè-
» rement distincts.

» Si nous ne nous faisons pas d'illu-
» sions — ajoute-t-il — quand nous affir-
» mons que l'atome a pu être séparé en
» des éléments semblables quelle que soit
» la matière d'où il émane, nous touchons
» au rêve des alchimistes... Mais le seul
» fait que l'on a pu raisonnablement avoir
» recours à cette théorie montre com-
» bien la croyance à la complexité de la
» Matière est devenue chancelante. »

Si M. Ch. Ed. Guillaume veut bien
prendre la peine de feuilleter à nouveau
« *L'Hyperchimie*, » ainsi que mes différents ouvrages, entre autres « *La Vie et*

l'Ame de la Matière » publié il y a sept ans, « *L'Hylozoïsme* » et « *Comment on devient Alchimiste* » il reconnaîtra, j'en suis convaincu, « la valeur scientifique » de mes propres idées. Je ne les défends pas ici par sotte vanité personnelle, mais seulement en l'honneur de la doctrine hermétique et alchimique.

Or, depuis sept ans, j'écris ceci, et je le démontre : — Il ne peut y avoir de corps simples, car il n'y a pas de créations *distinctes*. Tout évolue insensiblement, tout vit. Les Eléments chimiques sont les « Espèces minérales » aussi peu fixes que les Espèces animales ou végétales qui en dérivent — et provenant également d'une souche primordiale par transformations.

La Transmutation des Eléments chimiques constitue leur évolution particulière et générique. L'Evolution est un changement « progressif. »

La Sélection Naturelle, l'influence des milieux, la lutte pour l'existence agissent sur les éléments chimiques, sur les corps, les atomes, les molécules, les cellules, sur toute la « Matière vivante ». Le transformisme organique, zoologique et végétal admis, il faut d'ailleurs bien découvrir le transformisme minéral.

La loi d'Unité go verne l'Univers, des Soleils aux Atomes (1). Le Transformisme chimique repose sur des faits nombreux. Et je prétends les avoir mis en lumière (Voir *Comment on devient Alchimiste*, partie : *Pratique*).

Les phénomènes d'allotropie et d'Isomérie qui démontrent irréfutablement l'Unité de la Matière, peuvent s'expliquer au moyen de la Sélection « sexuelle » atomique et moléculaire, car les différences, les divergences, les variations résident dans la *même espèce* minérale. Elles sont très voisines. Elles indiquent *la transition qui doit exister d'un genre chimique à l'autre*.

Les changements progressifs des élé-

(1) L'Univers est le corps de Dieu ; les Êtres en sont l'Ame ; Lui CELUI QUI EST, en est l'Esprit. Son Verbe unique, sous ses apparences multiples, régit Tout. *Verbum caro factum est !*

ments chimiques divers et plus complexes, sont attribuables, eux, sans doute, à la Sélection Naturelle qui conserve les types à caractères le plus avantageux dans la lutte pour l'existence des éléments chimiques.

Exemples de sélection sexuelle : Les Phosphores, Or, Argent, Nickel, Fer, Soufre, Oxygène, Carbone, etc., etc.. *allotropiques* varient sous l'influence d'une sorte de sélection « sexuelle » différenciant la même souche.

Exemples de Sélection Naturelle : les séries évolutives, progressives : Chlore, Brome, Iode, Fluor, ou bien : Oxygène, Soufre, Sélénium. Tellure, etc... Azote, Phosphore, Arsenic, Antimoine, se polymérisent et se condensent *sériellement* sous l'influence de la Sélection Naturelle (1) qui agit sur l'ensemble des types,

(1) La transmutation de l'Arsenic en Phosphore opérée par M. Fittica est une nouvelle preuve de l'action de la Sélection naturelle et du transformisme des éléments qui ne fixent que *particiellement* les types.

Les composés polymères de la Chimie organique se rangent admirablement dans notre Evolutionnisme sériel (carbures d'hydrogène, etc.)

sur les grandes familles d'éléments, et facilite ainsi l'Évolution générale, par larges étapes. L'Hérédité des Atomes, des Molécules, transmet les propriétés acquises et fixe les chaînons intermédiaires. (Mémoire de la Matière.)

En résumé, les corps chimiques les plus élevés descendent des corps chimiques condensés primordiaux, de même que l'Homme et les quadrumanes proviennent des formes animales antécédentes.

L'Or descend de l'Argent, par exemple, comme l'Homme descend du Pithecantropus !

J'ai tenu à fixer en ces quelques lignes la théorie concise de l'Evolution minérale et à renvoyer aux sources mêmes, car si je suis heureux de voir des savants tels que M. Ch. Ed. Guillaume y adhérer aujourd'hui, au nom de la science officielle, je serais désolé que l'on oubliât que cette Doctrine Unitaire sort des fraternités initiatiques, rosicruciennes et alchimiques.

Lille. — Imp. LE BIGOT frères.

9 782013 585279